名师家居设计图鉴

Home Design Illustrated Handbook

李江军 编

Bedroom Recreation area

卧室 休闲区

中国电力出版社
CHINA ELECTRIC POWER PRESS

内容提要

　　本书精选知名设计师的最新作品，每张图片标有详细的文字说明。书中涉及的文字内容为目前家庭装修中每个功能区最热点最受关注的设计施工注意事项，由多位具有丰富经验的资深设计师归纳整理而成。每一条都是非常实用的设计经验，能对读者在实际的装修施工中起到指导性的作用。本书适合家装设计师及广大装修业主参考使用。

图书在版编目（CIP）数据

名师家居设计图鉴．卧室　休闲区 / 李江军编．— 北京 ：中国电力出版社，2013.4
ISBN 978-7-5123-4315-3

Ⅰ．①名… Ⅱ．①李… Ⅲ．①住宅－室内装饰设计－图集
Ⅳ．① TU241-64

中国版本图书馆 CIP 数据核字 (2013) 第 075301 号

中国电力出版社出版发行
北京市东城区北京站西街19号　　100005　　http://www.cepp.sgcc.com.cn
责任编辑：曹巍　　责任印制：蔺义舟　　责任校对：太兴华
北京盛通印刷股份有限公司印刷·各地新华书店经售
2013年6月第1版·第1次印刷
700mm×1000mm　1/12·9印张·178千字
定价：32.00元

读图时代的今天，以海量图片为主的家装图书一直是装饰装修领域的常青树，很多业主已经习惯了从书中的案例中寻找装修灵感，并将其运用于自己的家居装修之中。

本丛书共分为 6 册，从实用的角度出发，共精选了国内顶级设计师设计的 3120 个最新案例，内容包括客厅、电视墙、背景墙、玄关、餐厅、卧室、休闲区、书房、隔断、过道等多个空间的设计。这些案例准确地把握了当今家居流行趋势的脉搏，突破了陈旧的设计理念，将具有个性与时尚风格的线条、色彩、造型等装饰元素创新性地融入到现代的家居设计中，使其更符合现代人的生活要求和审美情趣。书中的每个案例下方都有详细的材质注释，提醒业主如何具体应用各种装修材料。

更可贵的是，本丛书专门邀请了 12 位拥有多年设计经验的资深设计师，把他们在工作中经常遇到的一些问题整理成 300 条最实用装修经验，从专业的角度告诉广大业主在选材、设计、施工中的注意事项，具有极高的参考价值。

希望本丛书能让业主在装修时尽量少留下遗憾，在新家生活中可以感觉处处顺手，安逸舒适。

最实用
装修经验
DECORATE

● 卧室

很多现代简约风格的卧室都会采用黑色装饰，但是应注意灵巧运用，而不是一味使用过多的黑色，比如可以用黑色的床头柜、门套等做点缀，效果会更好。

⊙ 床头墙 / 布艺软包 + 木饰面板凹凸装饰背景刷白　地面 / 实木拼花地板　　⊙ 床头墙 / 布艺软包 + 木线条刷银漆收口 + 银镜雕花

⊙ 顶面 / 木线条造型刷白　床头墙 / 布艺软包 + 木饰面板凹凸装饰背景刷白　　⊙ 床头墙 / 墙纸 + 饰面装饰框刷白 + 纱幔布艺

⊙ 床头墙 / 皮质软包 + 墙纸 + 饰面装饰框刷白　电视墙 / 墙纸

⊙ 床头墙 / 墙纸　电视墙 / 墙纸

⊙ 顶面 / 石膏板造型 + 墙纸　电视墙 / 墙纸 + 入墙式衣柜

⊙ 床头墙 / 皮质软包 + 镜面不锈钢　电视墙 / 墙纸 + 装饰搁架

⊙ 床头墙 / 布艺软包 + 装饰搁板　电视墙 / 墙纸

⊙ 床头墙 / 皮质软包 + 饰面装饰框刷白　电视墙 / 墙纸 + 饰面装饰框刷白

● 卧室

东南亚风格的卧室很多会用到自然的装饰材料，比如棉麻质感的布艺、原木色的实木等。但要注意，木质装饰不宜过多，尤其是用在顶上会显得有些压抑。

⊙ 床头墙／墙纸　电视墙／墙纸＋装饰搁板

⊙ 床头墙／墙纸　地面／地台铺贴强化地板

⊙ 床头墙／纱幔布艺　电视墙／墙纸＋挂镜线

⊙ 床头墙／布艺软包　地面／实木地板

⊙ 顶面 / 石膏板造型拓缝　床头墙 / 布艺软包 + 木线条收口

⊙ 床头墙 / 布艺软包　电视墙 / 墙纸 + 大理石装饰搁架

⊙ 床头墙 / 墙纸 + 木线条收口 + 纱幔布艺 + 彩色乳胶漆

⊙ 床头墙 / 墙纸　电视墙 / 墙纸 + 木饰面板凹凸装饰背景刷白

⊙ 顶面 / 装饰木梁 + 墙纸　床头墙 / 布艺软包 + 木格栅

⊙ 床头墙 / 布艺软包 + 墙纸 + 饰面装饰框刷白　电视墙 / 墙纸

最实用
装修经验
DECORATE

● 卧室

卧室的大小最好控制在 20m² 以内。如果面积比较大，最好隔成半敞开式的若干功能区，再加入双人沙发、休闲椅、茶几等家具。

⊙ 床头墙 / 墙纸　电视墙 / 墙纸

⊙ 床头墙 / 皮质软包 + 波浪板 + 墙纸　电视墙 / 定制收纳柜

⊙ 顶面 / 杉木板造型刷白　电视墙 / 墙纸

⊙ 床头墙 / 马赛克 + 木饰面板 + 墙纸　电视墙 / 墙纸

⊙ 床头墙 / 墙纸 + 饰面装饰框刷白　电视墙 / 墙纸　　　⊙ 床头墙 / 皮质软包　地面 / 强化地板

⊙ 床头墙 / 墙纸 + 木线条收口　电视墙 / 墙纸　　　⊙ 床头墙 / 皮质软包　电视墙 / 墙纸

⊙ 床头墙 / 布艺软包 + 银镜　电视墙 / 墙纸　　　⊙ 床头墙 / 金色雕花镜面玻璃 + 大理石线条收口　电视墙 / 墙纸 + 装饰搁架

● 卧室

　　如果卧室面积不大，就需要把几种功能结合在一起。比如在卧室的床边摆放一个梳妆台，还可兼作书写台；在储物柜中加入一些开放式层架用来摆放书籍和工艺品，可增加灵动感。

⊙ 床头墙 / 皮质硬包　电视墙 / 灰色乳胶漆 + 入墙式衣柜

⊙ 床头墙 / 墙纸　电视墙 / 入墙式衣柜

⊙ 顶面 / 石膏板造型 + 灯带　地面 / 强化地板

⊙ 床头墙 / 墙纸　地面 / 强化地板

⊙ 床头墙 / 布艺软包 + 石膏罗马柱　电视墙 / 密度板雕刻刷白

⊙ 床头墙 / 布艺软包 + 墙纸　电视墙 / 木饰面板 + 大理石装饰框

⊙ 床头墙 / 墙纸 + 茶镜拼菱形 + 木线条刷银漆收口

⊙ 床头墙 / 布艺软包 + 银镜倒 45 度角 + 木线条收口

⊙ 床头墙 / 墙纸 + 木线条收口 + 木雕挂件　电视墙 / 布艺软包

⊙ 床头墙 / 墙纸 + 木线条收口 + 皮纹砖　电视墙 / 墙纸

卧室

在保持家居风格一致的前提下，卧室里可以适当加入房主喜欢的色彩，建议加在墙面和床品、窗帘等软饰上，以方便日后更换。

⊙ 顶面／木网格刷白　床头墙／皮质软包＋墙纸＋饰面装饰框刷白

⊙ 床头墙／墙纸＋木线条收口＋茶镜　电视墙／墙纸

⊙ 床头墙／墙纸　电视墙／墙纸＋密度板雕刻刷白

⊙ 床头墙／墙纸　地面／强化地板

⊙ 床头墙／皮质软包＋木饰面板凹凸装饰背景　电视墙／墙纸

⊙ 床头墙／墙纸＋装饰画　地面／强化地板

⊙ 床头墙／墙纸＋黑镜＋不锈钢装饰条收口　电视墙／墙纸

⊙ 床头墙／布艺软包＋木线条收口　地面／实木拼花地板

⊙ 床头墙／杉木板装饰背景刷白　电视墙／墙纸＋石膏罗马柱

⊙ 床头墙／墙纸＋石膏板造型拓缝　地面／强化地板

● 卧室

卧室的色彩设计一般要求上轻下重，顶部颜色不宜过分沉重，灯光应尽量柔和。

⊙ 床头墙／墙纸　地面／实木地板

⊙ 床头墙／布艺软包＋茶镜＋波浪板

⊙ 床头墙／墙纸＋装饰画　地面／强化地板

⊙ 床头墙／布艺软包＋墙纸

⊙ 顶面／石膏板造型＋木线条装饰框刷白　电视墙／彩色乳胶漆

⊙ 床头墙／布艺软包＋大理石线条收口　电视墙／墙纸＋木饰面板抽缝

⊙ 床头墙／墙纸＋石膏顶角线＋装饰腰线　地面／实木地板

⊙ 床头墙／彩色乳胶漆＋艺术墙绘

⊙ 床头墙／墙纸＋饰面装饰框＋木饰面板拼花　电视墙／墙纸

⊙ 床头墙／皮质软包＋不锈钢装饰条收口＋银镜雕花

• 卧室

　　如果卧室使用不锈钢、镜面等材质，那么软装上应尽量搭配得柔和一些。比如地面选用整体地毯铺设，咖啡色调的床品既容易与整体风格协调，又可以营造出一股温情的感觉。

⊙ 顶面 / 金箔墙纸　床头墙 / 布艺软包 + 木线条收口 + 墙纸 + 饰面装饰框

⊙ 床头墙 / 墙纸 + 饰面装饰框　地面 / 实木拼花地板

⊙ 床头墙 / 墙纸 + 装饰画　地面 / 强化地板

⊙ 床头墙 / 彩色乳胶漆 + 装饰搁板

⊙ 床头墙 / 布艺软包 + 银镜拼菱形 + 木线条收口

⊙ 床头墙 / 皮质软包 + 墙纸 + 饰面装饰框刷白　地面 / 实木拼花地板

⊙ 床头墙 / 墙纸 + 银镜　电视墙 / 墙纸

⊙ 顶面 / 石膏板造型拓缝 + 墙纸　床头墙 / 墙纸 + 饰面装饰框刷白

⊙ 床头墙 / 墙纸 + 实木半圆线收口　地面 / 实木地板

⊙ 床头墙 / 墙纸　地面 / 实木地板

最实用 装修经验 DECORATE

● 卧室

　　卧室顶面贴墙纸具有很强的装饰效果，但如果顶面做光带，而且墙纸在光槽口的外口，建议不要将墙纸贴在光槽口的反光挡板上。

⊙ 床头墙／彩色乳胶漆＋装饰搁架　地面／强化地板

⊙ 顶面／石膏板造型＋灯带　床头墙／墙纸

⊙ 床头墙／布艺软包＋银镜雕花＋不锈钢装饰条收口＋墙纸

⊙ 顶面／石膏板造型＋灯带　床头墙／墙纸

⊙ 床头墙 / 银箔墙纸　电视墙 / 布艺软包 + 大理石线条收口

⊙ 床头墙 / 布艺软包 + 木饰面板　电视墙 / 墙纸

⊙ 床头墙 / 墙纸 + 石膏板造型 + 彩色乳胶漆　电视墙 / 墙纸

⊙ 床头墙 / 墙纸 + 木线条收口

⊙ 床头墙 / 布艺软包 + 木线条刷银漆收口　电视墙 / 墙纸 + 装饰展柜

⊙ 床头墙 / 墙纸 + 灯带　电视墙 / 墙纸

● 卧室

如果卧室中采用同样的方形吊顶和墙面背景，一定要遵守对应性原则，直线对称才不会影响到整体美感。

⊙ 床头墙 / 布艺软包　电视墙 / 墙纸

⊙ 床头墙 / 墙纸　地面 / 实木拼花地板

⊙ 床头墙 / 墙纸　地面 / 实木地板

⊙ 床头墙 / 布艺软包 + 墙纸 + 木线条收口

⊙ 床头墙 / 墙纸 + 照片组合　地面 / 强化地板

⊙ 床头墙 / 墙纸 + 饰面装饰框刷白　地面 / 实木拼花地板

⊙ 顶面 / 艺术墙绘　床头墙 / 皮质软包 + 木线条刷银漆收口 + 墙纸

⊙ 床头墙 / 墙纸　电视墙 / 彩色乳胶漆

⊙ 顶面 / 石膏板造型　床头墙 / 皮质软包 + 不锈钢装饰条收口 + 墙纸

⊙ 床头墙 / 布艺软包 + 木饰面板凹凸装饰背景刷白　电视墙 / 墙纸

卧室

对于层高不高的卧室，墙面可以采用纵向条纹的设计，从视觉上拉升层高。

⊙ 床头墙 / 布艺软包　电视墙 / 墙纸 + 灰镜 + 不锈钢装饰条包边

⊙ 床头墙 / 墙纸　地面 / 强化地板

⊙ 床头墙 / 墙纸 + 木线条刷银漆收口 + 定制衣柜

⊙ 床头墙 / 墙纸 + 木线条装饰框刷白

⊙ 床头墙 / 布艺软包 + 墙纸 + 木线条收口

⊙ 顶面 / 石膏线条装饰框　电视墙 / 布艺软包 + 木线条收口

⊙ 床头墙 / 皮质硬包 + 灯带 + 木线条收口

⊙ 床头墙 / 皮质软包 + 黑镜雕花　电视墙 / 大花白大理石

⊙ 床头墙 / 墙纸 + 饰面装饰框刷白　地面 / 实木拼花地板

⊙ 床头墙 / 彩色乳胶漆 + 装饰搁架

最实用
装修经验
DECORATE

• 卧室

对于层高不高的卧室，如果因为设计和使用功能的要求必须做吊顶的话，建议尽量采用局部吊顶的方式。

⊙ 床头墙／布艺软包＋木线条收口＋茶镜　电视墙／墙纸＋装饰搁架　　⊙ 床头墙／布艺软包＋木线条收口

⊙ 床头墙／墙纸＋照片组合　电视墙／墙纸　　⊙ 床头墙／墙纸＋木线条装饰框刷白　电视墙／墙纸

⊙ 床头墙 / 布艺软包 + 木线条收口　电视墙 / 墙纸

⊙ 电视墙 / 皮质软包 + 大理石线条收口 + 大理石罗马柱

⊙ 床头墙 / 墙纸　地面 / 亚面抛光砖

⊙ 床头墙 / 墙纸 + 石膏板造型 + 灯带　电视墙 / 墙纸 + 黑镜 + 装饰搁板

⊙ 床头墙 / 艺术墙纸 + 木线条间贴　电视墙 / 书法墙纸

⊙ 床头墙 / 墙纸 + 茶镜 + 木线条包边　电视墙 / 定制衣柜

• 卧室

如果选择圆形睡床，一般要求卧室面积要大，最少在 $15m^2$，否则空间会显得十分拥挤。此外，圆形床的床上用品比较难配。

⊙ 床头墙／墙纸＋饰面装饰框＋灯带

⊙ 顶面／石膏板装饰梁＋木花格贴茶镜＋木线条装饰框

⊙ 床头墙／墙纸　地面／实木地板

⊙ 床头墙／皮质软包＋木线条收口＋彩色乳胶漆

⊙ 床头墙／布艺软包＋黑镜45度倒角＋木线条收口 电视墙／彩色乳胶漆

⊙ 顶面／石膏板造型＋灯带 电视墙／墙纸

⊙ 床头墙／彩色乳胶漆＋装饰画 地面／强化地板

⊙ 床头墙／墙纸＋银镜倒45度角＋木线条收口 电视墙／墙纸

⊙ 床头墙／布艺软包＋木饰面板凹凸装饰背景 电视墙／墙纸

⊙ 床头墙／皮质软包＋木线条收口 电视墙／墙纸

● 卧室

对于面积比较小的卧室，如果睡床两边想要设计柜子，建议不要顶天，也不要立地，应该尽量考虑柜子的通透感与灵巧感。

⊙ 床头墙 / 布艺软包　电视墙 / 墙纸

⊙ 床头墙 / 墙纸　地面 / 强化地板

⊙ 床头墙 / 墙纸＋石膏顶角线　地面 / 强化地板

⊙ 床头墙 / 墙纸＋木饰面板凹凸装饰背景刷白　地面 / 实木拼花地板

⊙ 床头墙 / 黑镜 + 木线条刷金漆收口 + 墙纸

⊙ 床头墙 / 质感艺术漆 + 石膏板造型 + 灯带

⊙ 床头墙 / 布艺软包 + 水曲柳木饰面板显纹刷白　电视墙 / 墙纸

⊙ 顶面 / 石膏板造型 + 灯带　电视墙 / 墙纸

⊙ 床头墙 / 墙纸　电视墙 / 墙纸 + 装饰搁架

⊙ 顶面 / 杉木板造型　床头墙 / 布艺软包 + 墙纸 + 木线条收口

最实用 装修经验 DECORATE

• 卧室

如果卧室左右宽度不够，或者隔壁的主卫与卧室之间做了半通透的处理，建议把衣柜放在床对面的位置，但要特别注意移门拉开以后的美观问题。

⊙ 床头墙 / 墙纸　电视墙 / 彩色乳胶漆

⊙ 顶面 / 石膏板造型 + 彩色乳胶漆　床头墙 / 墙纸 + 木线条收口

⊙ 床头墙 / 墙纸　电视墙 / 墙纸 + 饰面装饰框刷白

⊙ 床头墙 / 墙纸　电视墙 / 彩色乳胶漆

⊙ 床头墙 / 布艺软包 + 墙纸 + 银镜　　⊙ 床头墙 / 墙纸　　电视墙 / 布艺软包 + 木线条收口

⊙ 床头墙 / 墙纸 + 马赛克 + 木线条收口　　电视墙 / 定制衣柜　　⊙ 床头墙 / 墙纸　　地面 / 强化地板

⊙ 床头墙 / 墙纸 + 石膏板造型　　电视墙 / 墙纸　　⊙ 床头墙 / 墙纸　　电视墙 / 木饰面板 + 装饰搁板 + 定制衣柜

● 卧室

一般平层公寓的主卧室宽度为 3300 ～ 3600mm，睡床的长度为 2050 ～ 2350mm，电视柜的宽度为 450 ～ 650mm，注意要预留 700mm 以上的宽度作为过道。

⊙ 床头墙 / 墙纸 + 装饰搁架　地面 / 抛光地砖

⊙ 床头墙 / 墙纸　电视墙 / 石膏板造型拓缝

⊙ 左墙 / 墙纸 + 装饰展柜　地面 / 强化地板

⊙ 墙面 / 墙纸 + 石膏顶角线　地面 / 强化地板

⊙ 顶面 / 墙纸 + 石膏板造型　电视墙 / 布艺软包 + 石膏罗马柱 + 铁艺贴银镜

⊙ 床头墙 / 墙纸 + 饰面装饰框刷白　地面 / 强化地板

⊙ 床头墙 / 皮质软包 + 木线条刷银漆收口 + 墙纸　电视墙 / 墙纸

⊙ 顶面 / 石膏板造型　床头墙 / 墙纸 + 照片组合

⊙ 床头墙 / 皮质软包 + 墙纸 + 饰面装饰框刷白　地面 / 实木拼花地板

⊙ 顶面 / 石膏板造型 + 灯带　床头墙 / 布艺软包 + 木线条收口 + 灰镜

最实用
装修经验
DECORATE

• 卧室

一般现场制作的卧室衣柜高度为 2400 ～ 2700mm，但要注意市场上很多移门的材料最大只能做到 2400mm 的高度，所以一定要事先确定好衣柜的高度和移门的材质。

⊙ 床头墙 / 墙纸 + 木线条装饰框 + 银镜 + 木线条包边

⊙ 床头墙 / 墙纸　电视墙 / 定制衣柜

⊙ 床头墙 / 墙纸 + 布艺软包　地面 / 仿古砖

⊙ 床头墙 / 木饰面板 + 茶镜雕花 + 木线条包边　电视墙 / 墙纸

⊙ 床头墙／墙纸＋装饰画　地面／强化地板

⊙ 床头墙／墙纸　电视墙／波浪板

⊙ 床头墙／皮质软包＋木线条收口　电视墙／密度板雕刻刷白＋定制衣柜

⊙ 床头墙／墙纸＋木饰面板凹凸装饰背景刷白　地面／实木拼花地板

⊙ 床头墙／墙纸＋布艺软包＋不锈钢装饰条收口

⊙ 顶面／石膏板造型＋灯带　电视墙／布艺软包

• 卧室

如果卧室的睡床正对面设计有大衣柜的话，建议不要采用镜面材质的门板，避免反光使人感到不适。

⊙ 顶面 / 石膏板造型　床头墙 / 墙纸

⊙ 床头墙 / 布艺软包 + 饰面装饰框刷白　电视墙 / 墙纸

⊙ 床头墙 / 布艺软包 + 木饰面板凹凸装饰背景刷白　电视墙 / 墙纸

⊙ 床头墙 / 布艺软包 + 灰镜　地面 / 强化地板

⊙ 床头墙／布艺软包＋木线条收口＋银镜拼菱形

⊙ 床头墙／墙纸 电视墙／彩色乳胶漆

⊙ 顶面／墙纸 床头墙／石膏板造型＋装饰壁龛＋墙纸

⊙ 床头墙／布艺软包＋不锈钢装饰条包边 电视墙／墙纸＋装饰搁板

⊙ 床头墙／布艺软包＋墙纸 隔断／装饰搁架

⊙ 床头墙／布艺软包＋石膏雕花线刷银漆＋墙纸＋饰面装饰框

● 卧室

　　成品衣柜底部的垫脚一般和踢脚线的高度一样。如果衣柜是在铺设地板或地砖之前就制作好的，可以不用柜体垫脚，直接把移门下轨压在地板或者地砖上。

⊙ 床头墙 / 布艺软包 + 木饰面板凹凸装饰背景刷白 + 墙纸

⊙ 床头墙 / 布艺软包 + 灰色乳胶漆　地面 / 实木地板

⊙ 床头墙 / 布艺软包 + 黑镜雕花 + 木线条收口

⊙ 床头墙 / 灰色乳胶漆 + 装饰画　地面 / 实木地板

⊙ 床头墙／洞石　电视墙／墙纸

⊙ 床头墙／墙纸＋饰面装饰框刷白　电视墙／墙纸

⊙ 床头墙／墙纸　地面／强化地板

⊙ 顶面／银箔墙纸＋木线条装饰框刷白　床头墙／布艺软包

⊙ 床头墙／墙纸＋挂镜线

⊙ 床头墙／布艺软包＋不锈钢装饰条收口＋墙纸＋木线条收口

● 卧室

在布排水电的时候，床头开关或插座应放在床头柜上方距地面70cm 的位置，这样的设计更加人性化。

⊙ 床头墙 / 布艺软包＋墙纸＋木线条收口＋彩色乳胶漆

⊙ 顶面 / 石膏板造型拓缝　床头墙 / 布艺软包

⊙ 床头墙 / 墙纸＋中式木花格贴磨砂玻璃　电视墙 / 定制衣柜

⊙ 顶面 / 木线条造型　床头墙 / 布艺软包

⊙ 床头墙／墙纸＋木饰面板凹凸装饰背景刷白　电视墙／定制收纳柜

⊙ 床头墙／皮质软包＋木线条刷银漆收口　电视墙／墙纸

⊙ 床头墙／布艺软包＋艺术玻璃＋木线条收口　电视墙／彩色乳胶漆

⊙ 床头墙／布艺软包＋木线条收口＋墙纸　电视墙／墙纸

⊙ 床头墙／皮质软包＋木饰面板拼花　电视墙／墙纸＋木线条收口

⊙ 顶面／石膏板造型＋灯带　床头墙／墙纸

• 卧室

　　卧室最好不要使用大面积的蓝色，因为蓝色过多，容易使人产生压抑感。

⊙ 床头墙／布艺软包＋不锈钢装饰条收口　　电视墙／定制收纳柜

⊙ 床头墙／墙纸＋装饰挂件

⊙ 床头墙／皮质软包＋木线条收口＋木饰面板凹凸装饰背景

⊙ 床头墙／墙纸＋银镜倒角＋不锈钢装饰条收口　　电视墙／墙纸

⊙ 床头墙／不锈钢装饰条扣皮质软包　电视墙／皮质软包＋墙纸　　⊙ 床头墙／布艺软包＋墙纸＋木线条收口　电视墙／墙纸

⊙ 床头墙／墙纸　电视墙／墙纸　　⊙ 床头墙／皮质软包＋木线条收口　电视墙／墙纸＋定制衣柜

⊙ 顶面／杉木板造型刷白＋装饰木梁　床头墙／皮质软包＋墙纸　　⊙ 顶面／石膏板造型＋灯带　床头墙／墙纸＋木线条收口

● 卧室

如果卧室内有卫生间的话，门的设计应既要考虑透气问题，也要考虑密闭问题。如果是百叶门的话，内侧一定要镶嵌玻璃。

⊙ 床头墙 / 墙纸 + 黑镜 + 木线条收口　电视墙 / 墙纸

⊙ 顶面 / 装饰木梁刷白　床头墙 / 彩色乳胶漆 + 木线条装饰框刷白

⊙ 床头墙 / 装饰画　居中墙 / 装饰搁架

⊙ 床头墙 / 布艺软包 + 木线条收口 + 木饰面板凹凸装饰背景　电视墙 / 墙纸

床头墙／墙纸＋布艺软包＋木线条收口

⊙ 床头墙／皮质软包＋银镜倒角　电视墙／墙纸

⊙ 顶面／木线条装饰框＋木角花　床头墙／杉木板装饰背景＋墙纸

⊙ 床头墙／布艺软包＋不锈钢装饰条收口　电视墙／灰色乳胶漆

⊙ 床头墙／墙纸＋饰面装饰框刷白　电视墙／墙纸

⊙ 顶面／石膏板造型＋灯带　床头墙／墙纸＋饰面装饰框

● 卧室

如果打开卧室房门后直接面对睡床，建议在两者之间设置一面半透明的隔断，这样既不会让人感觉压抑，又能增加安全感和舒适感。

⊙ 顶面 / 石膏板造型 + 金箔墙纸　床头墙 / 皮质软包 + 木线条收口

⊙ 床头墙 / 皮质软包 + 墙纸 + 木线条收口　电视墙 / 墙纸 + 茶镜车边倒角

⊙ 床头墙 / 布艺软包　电视墙 / 密度板雕刻刷白 + 木饰面板

⊙ 顶面 / 石膏板造型 + 石膏浮雕　床头墙 / 布艺软包 + 墙纸

⊙ 床头墙 / 墙纸　电视墙 / 彩色乳胶漆

⊙ 床头墙 / 布艺软包 + 墙纸 + 木线条装饰框刷白　电视墙 / 墙纸

⊙ 床头墙 / 墙纸 + 挂镜线 + 装饰画

⊙ 顶面 / 木饰面板　电视墙 / 墙纸 + 实木护墙板

⊙ 床头墙 / 布艺软包 + 石膏板造型拓缝　电视墙 / 墙纸 + 木花格

⊙ 顶面 / 石膏板造型　电视墙 / 灰色乳胶漆

最实用
装修经验
DECORATE

• 卧室

卧室中没有主灯的设计是现在的流行趋势，但是灯光色彩的选择很关键，最好是选择接近自然光源的暖色系灯管。

⊙ 床头墙 / 墙纸 + 木格栅　电视墙 / 墙纸

⊙ 顶面 / 杉木板造型 + 装饰木梁　床头墙 / 布艺软包 + 木线条收口 + 墙纸

⊙ 床头墙 / 皮质软包 + 木线条收口 + 墙纸　电视墙 / 墙纸

⊙ 床头墙 / 墙纸　地面 / 实木地板

⊙ 床头墙 / 布艺软包 + 墙纸 + 木线条收口　电视墙 / 墙纸

⊙ 床头墙 / 布艺软包 + 木线条收口 + 石膏罗马柱

⊙ 床头墙 / 墙纸 + 石膏板造型 + 灯带　电视墙 / 墙纸

⊙ 床头墙 / 皮质软包 + 银镜　电视墙 / 墙纸

⊙ 床头墙 / 布艺软包 + 波浪板 + 灰镜 + 银镜磨花　电视墙 / 皮纹砖

⊙ 左墙 / 墙纸　居中墙 / 彩色乳胶漆

最实用
装修经验
DECORATE

● 卧室

卧室的照明最好采取漫射光源，光源要尽量采取中性光，光线比较自然。注意不要在头顶放置射灯，否则容易给眼睛造成伤害。

⊙ 顶面／石膏板造型＋灯带　床头墙／布艺软包＋木线条收口＋墙纸

⊙ 床头墙／布艺软包＋墙纸　电视墙／石膏板造型拓缝＋灯带

⊙ 床头墙／墙纸＋布艺软包＋木线条收口　电视墙／墙纸

⊙ 床头墙／墙纸＋木饰面板拼花　电视墙／彩色乳胶漆

⊙ 床头墙 / 墙纸　电视墙 / 定制衣柜

⊙ 顶面 / 石膏板造型　床头墙 / 墙纸

⊙ 床头墙 / 墙纸 + 装饰挂镜　地面 / 实木地板

⊙ 床头墙 / 墙纸 + 石膏板造型拓缝 + 马赛克

⊙ 床头墙 / 布艺软包 + 木线条收口 + 墙纸 + 饰面装饰框刷白

⊙ 床头墙 / 彩色乳胶漆 + 石膏顶角线　地面 / 强化地板

51

● 卧室

平层公寓卧室的吊灯最好不要安装在睡床的正上方，避免人站在床上的时候头顶到灯。

⊙ 床头墙 / 墙纸　电视墙 / 墙纸＋布艺软包

⊙ 顶面 / 木线条密排刷白　床头墙 / 布艺软包＋黑镜＋木线条收口

⊙ 顶面 / 石膏板造型拓缝　床头墙 / 布艺软包＋墙纸＋木线条收口

⊙ 床头墙 / 布艺软包＋饰面装饰框　电视墙 / 墙纸

⊙ 床头墙 / 布艺软包 + 木线条收口 + 墙纸　电视墙 / 定制衣柜

⊙ 床头墙 / 布艺软包 + 不锈钢装饰条收口 + 黑镜　电视墙 / 彩色乳胶漆

⊙ 顶面 / 石膏板造型 + 灯带　床头墙 / 彩色乳胶漆

⊙ 顶面 / 石膏板造型 + 灯带　电视墙 / 墙纸

⊙ 顶面 / 金箔墙纸 + 石膏板装饰梁　床头墙 / 布艺软包 + 木线条收口

⊙ 床头墙 / 皮质软包 + 木饰面板 + 黑镜　地面 / 实木拼花地板

● 卧室

　　吊灯的装饰效果虽然很强烈，但是并不适用于层高较低的卧室，特别是水晶灯，只有层高较高的卧室才可以考虑安装水晶灯增加美观度。

⊙ 床头墙 / 墙纸　电视墙 / 定制衣柜

⊙ 床头墙 / 布艺软包＋木线条收口　地面 / 强化地板

⊙ 床头墙 / 木饰面板＋墙纸　地面 / 实木地板

⊙ 床头墙 / 布艺硬包＋木饰面板凹凸装饰背景刷白　电视墙 / 墙纸

⊙ 顶面 / 石膏板造型 + 灯带　电视墙 / 钢化玻璃

⊙ 床头墙 / 布艺软包 + 茶镜 + 银镜拼菱形 + 饰面装饰框刷白

⊙ 床头墙 / 墙纸 + 布艺软包 + 银镜 + 木线条包边

⊙ 床头墙 / 墙纸 + 木线条收口　电视墙 / 墙纸

⊙ 墙面 / 墙纸　地面 / 实木地板

⊙ 床头墙 / 布艺软包 + 中式木花格贴透光云石

最实用装修经验 DECORATE

• 卧室

卧室壁灯不宜安装在床头的正上方，这样既不利于营造气氛，也不利于安睡。安装的位置最好是在床头柜的正上方，并且建议采用单头的分体式壁灯。

⊙ 床头墙 / 布艺软包　电视墙 / 布艺软包 + 黑镜 + 墙纸

⊙ 床头墙 / 墙纸 + 皮质软包 + 不锈钢装饰条包边

⊙ 顶面 / 石膏板造型拓缝　床头墙 / 墙纸

⊙ 床头墙 / 墙纸 + 灯带　电视墙 / 墙纸

⊙ 床头墙 / 彩色乳胶漆 + 石膏顶角线

⊙ 床头墙 / 布艺软包 + 木线条收口 + 灰镜

⊙ 顶面 / 石膏板造型 + 灯带 + 银镜　床头墙 / 洞石 + 布艺软包

⊙ 床头墙 / 墙纸 + 灯带

⊙ 床头墙 / 布艺软包 + 不锈钢装饰条收口 + 墙纸

⊙ 顶面 / 石膏板造型 + 灯带　电视墙 / 墙纸

• 卧室

在卧室里，墙纸和饰面板、石膏板吊顶等不同材质衔接的地方一定要采用颜色接近的同色系防霉玻璃胶收平。

⊙ 床头墙／布艺软包＋实木线装饰套

⊙ 床头墙／布艺软包　电视墙／木饰面板＋布艺软包＋木线条收口

⊙ 床头墙／布艺软包＋银镜＋饰面装饰框刷白

⊙ 床头墙／墙纸＋灰镜拼菱形＋饰面装饰框刷白

⊙ 顶面 / 石膏板造型 + 灯带　电视墙 / 彩色乳胶漆

⊙ 顶面 / 木网格刷白　床头墙 / 布艺软包 + 墙纸 + 饰面装饰框刷白

⊙ 床头墙 / 皮质软包　电视墙 / 水曲柳木饰面板凹凸装饰背景显纹刷白

⊙ 床头墙 / 墙纸　电视墙 / 彩色乳胶漆

⊙ 床头墙 / 墙纸　电视墙 / 布艺软包

⊙ 床头墙 / 墙纸 + 饰面装饰框　电视墙 / 墙纸 + 皮质软包 + 木线条包边

• 卧室

　　建议一楼的卧室地面采用地砖进行铺贴，一是因为一楼的采光比较差，地板容易吸收光线，地砖可以增加卧室的采光度；二是因为一般一楼比较潮湿，用木地板作为地面材质容易变形，地砖就能够很好地避免此类问题。

⊙ 床头墙 / 墙纸 + 石膏板造型　电视墙 / 墙纸

⊙ 床头墙 / 皮质软包 + 墙纸 + 木线条收口　电视墙 / 定制衣柜

⊙ 床头墙 / 墙纸 + 木线条收口　电视墙 / 墙纸

⊙ 床头墙 / 墙纸 + 石膏板造型 + 彩色乳胶漆

⊙ 床头墙／布艺软包＋木线条收口＋墙纸 电视墙／墙纸

⊙ 顶面／石膏板造型＋墙纸 床头墙／彩色乳胶漆＋墙纸＋石膏罗马柱

⊙ 顶面／装饰木梁＋艺术墙纸 床头墙／皮质软包＋墙纸＋饰面装饰框

⊙ 床头墙／布艺软包＋木饰面板 电视墙／饰面装饰框＋墙纸

⊙ 顶面／银箔墙纸 床头墙／墙纸＋木饰面板凹凸装饰背景刷白

⊙ 床头墙／布艺软包 电视墙／墙纸

● 卧室

　　卧室地板的铺设方向建议跟睡床的方向保持一致，也就是跟人躺卧的方向一致，符合人体舒适感的需要。

⊙ 床头墙 / 墙纸　隔断 / 装饰珠帘

⊙ 床头墙 / 皮质软包 + 银镜雕花 + 木线条收口　电视墙 / 彩色乳胶漆

⊙ 顶面 / 石膏板造型 + 银箔墙纸　床头墙 / 布艺软包　电视墙 / 墙纸

⊙ 床头墙 / 饰面装饰框刷灰漆

⊙ 床头墙 / 墙纸　电视墙 / 彩色乳胶漆 + 装饰吊柜

⊙ 床头墙 / 墙纸 + 木线条收口　电视墙 / 墙纸

⊙ 床头墙 / 墙纸　地面 / 实木地板

⊙ 顶面 / 墙纸 + 木线条装饰框刷金漆　床头墙 / 墙纸 + 金色石膏罗马柱

⊙ 顶面 / 装饰木梁　床头墙 / 布艺软包 + 木饰面板

⊙ 顶面 / 石膏浮雕刷白　床头墙 / 皮质软包凹凸装饰背景 + 黑镜

• 卧室

如果卧室选择满铺地毯，一定要注意倒刺板的质量，若倒刺不牢固，会直接导致地毯移位松动。

⊙ 顶面／石膏板造型拓缝　床头墙／布艺软包＋墙纸＋饰面装饰框刷白

⊙ 顶面／石膏板造型＋灯带　床头墙／墙纸＋纱幔布艺

⊙ 床头墙／皮质软包＋墙纸＋饰面装饰框刷白　电视墙／墙纸

⊙ 顶面／石膏板造型拓缝　床头墙／墙纸

⊙ 墙面／彩色乳胶漆 地面／强化地板

⊙ 床头墙／墙纸＋黑镜＋木线条收口

⊙ 顶面／装饰木梁＋金箔墙纸 床头墙／布艺软包＋木饰面板凹凸装饰背景

⊙ 顶面／墙纸＋木线条装饰框刷金漆 床头墙／布艺软包＋木雕花刷金漆

⊙ 床头墙／布艺软包＋墙纸 电视墙／墙纸

⊙ 床头墙／墙纸＋石膏板造型 电视墙／定制衣柜

● 卧室

　　卧室的飘窗台最好选择颜色较深的大理石材质，木材类、浅色类大理石都不是最佳选择。

⊙ 床头墙／布艺软包＋茶镜＋木线条装饰框刷白　电视墙／墙纸

⊙ 顶面／石膏板造型＋墙纸　床头墙／墙纸＋石膏板造型

⊙ 顶面／石膏板造型＋木饰挂边线　床头墙／彩色乳胶漆

⊙ 床头墙／彩色乳胶漆＋石膏顶角线　地面／抛光地砖

⊙ 床头墙 / 墙纸　地面 / 抛光地砖

⊙ 床头墙 / 墙纸　地面 / 强化地板

⊙ 墙面 / 墙纸　地面 / 强化地板

⊙ 顶面 / 石膏板造型 + 灯带　床头墙 / 墙纸

⊙ 床头墙 / 皮质软包 + 木线条收口 + 墙纸　电视墙 / 墙纸 + 木线条收口

⊙ 顶面 / 石膏板造型 + 墙纸　床头墙 / 墙纸 + 装饰搁板

最实用 装修经验 DECORATE

• 卧室

卧室窗帘中的纱帘与布帘的色彩一定要有呼应，最好的办法就是在布帘中寻找一个色调，以此作为纱帘的色调。

⊙ 床头墙 / 皮质软包 + 木线条收口 + 茶镜雕花 + 不锈钢装饰条收口

⊙ 床头墙 / 墙纸 + 布艺软包 + 木线条收口　电视墙 / 木饰面板抽缝

⊙ 床头墙 / 布艺软包 + 不锈钢装饰条收口　电视墙 / 定制衣柜

⊙ 顶面 / 石膏板造型 + 灯带　床头墙 / 墙纸 + 饰面装饰框

⊙ 顶面 / 石膏板造型 + 布艺软包　床头墙 / 墙纸 + 饰面装饰框刷白

⊙ 床头墙 / 布艺软包 + 墙纸 + 饰面装饰框刷白　电视墙 / 墙纸 + 收纳柜

⊙ 顶面 / 木格栅 + 墙纸　床头墙 / 木线条贴墙纸 + 木格栅

⊙ 床头墙 / 皮质软包 + 木线条收口 + 墙纸　电视墙 / 墙纸

⊙ 床头墙 / 彩色乳胶漆 + 装饰画组合　电视墙 / 定制衣柜

⊙ 床头墙 / 布艺软包 + 木线条收口 + 墙纸

⊙ 床头墙 / 布艺软包 + 木饰面板　电视墙 / 彩色乳胶漆

⊙ 电视墙 / 墙纸 + 书柜 + 装饰搁板

最实用
装修经验
DECORATE

● 卧室

建议 7 岁以下儿童房间的家具尽量靠墙摆放，给孩子留出更多的活动空间，这才是符合他们年龄的最实际生活需求。

⊙ 顶面 / 银箔墙纸　床头墙 / 墙纸 + 木线条收口

⊙ 床头墙 / 皮质软包 + 木线条收口　电视墙 / 墙纸

⊙ 顶面 / 石膏板造型　床头墙 / 墙纸 + 木饰面板凹凸装饰背景

⊙ 床头墙 / 布艺软包 + 墙纸　电视墙 / 水曲柳木饰面板显纹刷白

⊙ 床头墙 / 布艺软包 + 墙纸　地面 / 实木地板

⊙ 顶面 / 石膏板造型 + 银箔墙纸　床头墙 / 布艺软包 + 木线条刷银漆收口

⊙ 顶面 / 墙纸 + 木线条收口　床头墙 / 皮质软包 + 木线条收口

⊙ 顶面 / 石膏板造型 + 灯带　地面 / 实木地板

⊙ 床头墙 / 墙纸 + 装饰画　电视墙 / 墙纸

⊙ 床头墙 / 墙纸 + 装饰画　电视墙 / 墙纸

● 卧室

如果儿童房有较低的窗户或者飘窗，一定要设置围栏，避免意外的发生，围栏的高度以儿童身高的 2/3 为宜。

⊙ 床头墙 / 布艺软包＋木饰面板　地面 / 强化地板

⊙ 床头墙 / 墙纸＋木线条装饰框刷白　地面 / 实木地板

⊙ 床头墙 / 布艺软包＋墙纸

⊙ 床头墙 / 墙纸＋装饰画　电视墙 / 墙纸＋装饰搁板刷白

⊙ 顶面 / 石膏板造型 + 灯带 + 墙纸　电视墙 / 墙纸 + 木线条收口

⊙ 顶面 / 木饰挂边线　床头墙 / 装饰画

⊙ 床头墙 / 墙纸 + 木线条收口　地面 / 实木地板

⊙ 床头墙 / 墙纸 + 饰面装饰框　地面 / 实木地板

⊙ 床头墙 / 墙纸 + 饰面装饰框　电视墙 / 墙纸

⊙ 顶面 / 石膏板造型 + 灯带　床头墙 / 墙纸

⊙ 顶面 / 石膏板造型拓缝　床头墙 / 布艺软包 + 木线条收口

⊙ 床头墙 / 墙纸 + 木线条刷金漆收口 + 布艺软包

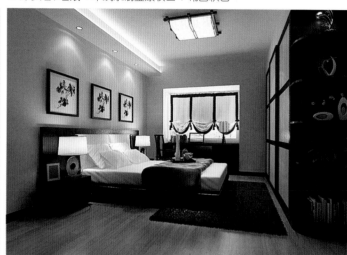

⊙ 床头墙 / 墙纸 + 装饰画　地面 / 强化地板

⊙ 床头墙 / 彩色乳胶漆 + 装饰画　地面 / 强化地板

⊙ 地面 / 实木地板

⊙ 床头墙 / 布艺软包 + 装饰挂镜　电视墙 / 墙纸 + 装饰壁炉 + 灰镜

⊙ 床头墙/墙纸+装饰画　电视墙/定制衣柜 ⊙ 床头墙/墙纸　地面/强化地板

⊙ 床头墙/皮质软包+灯带+木饰面板　电视墙/木饰面板 ⊙ 电视墙/入墙式衣柜　地面/强化地板

⊙ 床头墙/墙纸+杉木板凹凸装饰背景刷白 ⊙ 床头墙/墙纸+木线条收口　电视墙/墙纸

⊙ 床头墙／彩色乳胶漆　电视墙／彩色乳胶漆＋装饰吊柜

⊙ 顶面／石膏板造型＋灯带　电视墙／墙纸＋木线条收口

⊙ 床头墙／布艺软包＋木线条收口＋墙纸　电视墙／墙纸

⊙ 床头墙／墙纸＋灯带　电视墙／定制衣柜

⊙ 床头墙／布艺软包＋墙纸＋饰面装饰框刷白

⊙ 床头墙／墙纸＋木线条收口　电视墙／木饰面板凹凸装饰背景＋墙纸

<thumbsup> 最实用
装修经验
DECORATE

● 休闲区

　　地台上面铺设榻榻米是如今很常见的一种设计形式，但是榻榻米的日常维护却比较繁琐，所以没有时间用心去打理的业主还是建议直接使用实木地板，配合地垫也能起到比较好的效果。

⊙ 墙面 / 洞石　吧台 / 大花白大理石

⊙ 左墙 / 墙纸　吧台 / 爵士白大理石　隔断 / 装饰珠帘

⊙ 顶面 / 木线条装饰造型　居中墙 / 中式木花格 + 装饰展柜

⊙ 右墙 / 墙纸 + 墙面柜　地面 / 强化地板

最实用 装修经验 DECORATE

• 休闲区

日式的榻榻米兼顾美观和实用性，因为下面需要存放物品，所以地台的高度也是非常重要的，太低存放物品有限，太高会影响空间高度，给人压抑感。一般高度应控制在 35 ～ 45cm。

⊙ 居中墙 / 木网格贴仿古砖　地面 / 防腐木实木地板

⊙顶面 / 木线条打方格　居中墙 / 墙纸 + 装饰搁架

⊙ 左墙 / 彩色乳胶漆 + 艺术墙绘　右墙 / 木格栅

⊙ 左墙 / 墙纸　地面 / 实木地板

⊙ 右墙 / 墙纸 + 银镜磨花　地面 / 强化地板

⊙ 顶面 / 装饰木梁 + 金箔墙纸　地砖 / 抛光地砖夹深色菱形小砖铺贴

⊙ 顶面 / 木线条密排　地面 / 仿古砖

⊙ 顶面 / 装饰木梁　地面 / 仿古砖斜铺 + 波打线

⊙ 墙面 / 墙纸　地面 / 抛光地砖斜铺 + 波打线

⊙ 左墙 / 杉木板装饰背景刷白　隔断 / 金属线条网格贴钢化清玻璃

• 休闲区

　　有时候空间的分割可能会用地面的抬高来实现，这两块区域的地面也可以采用不同的材质铺贴，但地台的高度应尽量跟踢脚线一致或比踢脚线略高，这样收口的处理会比较容易。

⊙ 顶面 / 石膏板造型 + 墙纸　　左墙 / 墙纸 + 木线条装饰框刷白

⊙ 哑口 / 石膏罗马柱　　右墙 / 米黄色墙砖倒角

⊙ 顶面 / 装饰木梁　　地面 / 仿古砖

⊙ 顶面 / 吸声板　　右墙 / 布艺软包 + 金属线条收口

⊙ 顶面 / 石膏板造型 + 灯带 + 密度板雕刻刷白　哑口 / 石膏罗马柱

⊙ 顶面 / 石膏板造型 + 灰镜 + 装饰珠帘　地面 / 地砖拼花 + 波打线

⊙ 左墙 / 木饰面板凹凸装饰背景刷白 + 装饰展柜 + 银镜

⊙ 顶面 / 杉木板造型　地面 / 实木地板

⊙ 顶面 / 装饰木梁 + 钢化玻璃顶棚　居中墙 / 文化石 + 青砖 + 大理石装饰框

⊙ 墙面 / 灰色墙砖 + 装饰搁架嵌黑镜

● 休闲区

如果客厅连着阳台，并且家里还有其他可供洗晒的生活阳台的话，不妨考虑把阳台并入到客厅空间里面，在形式上可以把阳台略抬高一些做个地台，增加家中的休闲空间。

⊙ 顶面／吸声板　左墙／皮质软包 + 木饰面板凹凸装饰背景

⊙ 顶面／石膏板造型 + 灯带　左墙／木线条密排

⊙ 顶面／杉木板造型　墙面／青砖勾白缝 + 装饰搁架

⊙ 顶面／装饰木梁　墙面／硅藻泥　地面／仿古砖拼花

⊙ 顶面 / 墙纸　左墙 / 布艺软包 + 饰面装饰框

⊙ 居中墙 / 墙纸 + 木线条收口 + 装饰门窗

⊙ 顶面 / 吸声板　左墙 / 吸声板 + 布艺软包

⊙ 顶面 / 吸声板 + 装饰木梁　右墙 / 皮质硬包 + 饰面装饰框 + 木质罗马柱

⊙ 墙面 / 墙纸　地面 / 抛光地砖 + 波打线

⊙ 顶面 / 杉木板造型刷白　左墙 / 装饰壁炉 + 米白色墙砖 + 装饰展柜

• 休闲区

　　阳光房的家具一般要考虑防晒及变形系数，一般不推荐实木家具为休闲阳光房所用，藤质家具比较适合，但最好选用经过防腐及清油处理的。

⊙ 左墙／文化石 + 入墙式酒柜　　吧台／马赛克 + 大理石台面

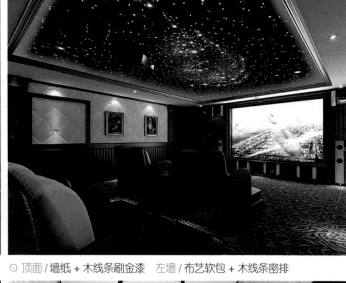

⊙ 顶面／墙纸 + 木线条刷金漆　　左墙／布艺软包 + 木线条密排

⊙ 顶面／装饰木梁　　左墙／文化石　　地面／抛光地砖斜铺 + 波打线

⊙ 左墙／石膏板造型拓缝 + 木线条收口　　地面／抛光地砖

⊙ 顶面 / 木线条造型刷金箔漆　居中墙 / 布艺软包 + 大理石线条收口　　　⊙ 顶面 / 木网格刷银箔漆　地面 / 抛光地砖夹黑色小砖斜铺

⊙ 左墙 / 文化石　地面 / 地板砖　　　　⊙ 右墙 / 墙纸 + 木线条间贴 + 成品收纳柜 + 工艺鱼缸　地面 / 亚面抛光砖

⊙ 左墙 / 墙纸 + 木线条收口 + 装饰展柜 + 彩色乳胶漆　地面 / 地砖拼花　　　⊙ 吧台 / 大花白大理石 + 银镜 + 菱形酒格

● 休闲区

利用阳台的两个角落安置储物柜，用来存放杂物，是小户型常用的设计手法，但应注意阳光的暴晒对白色柜门的损害。

⊙ 墙面／墙纸＋石膏板造型　地面／抛光地砖斜铺

⊙ 顶面／石膏板造型＋灯带　地面／实木地板

⊙ 顶面／钢化玻璃顶棚　地面／防腐木地板

⊙ 右墙／皮质硬包＋银镜倒边＋石膏板雕花　地面／地砖拼花＋波打线

⊙ 顶面 / 石膏板造型 + 墙纸　左墙 / 布艺软包 + 木线条收口 + 木质罗马柱　　⊙ 顶面 / 石膏板造型 + 石膏浮雕刷金箔漆　左墙 / 墙纸 + 大花白大理石

⊙ 顶面 / 吸声板　墙面 / 木饰面板凹凸装饰背景　　⊙ 左墙 / 墙纸　吧台 / 红色烤漆玻璃倒角 + 大理石台面

⊙ 顶面 / 石膏板造型 + 灯带　地面 / 抛光地砖　　⊙ 居中墙 / 墙纸 + 石膏板造型拓缝　地面 / 实木地板

• 休闲区

如果小阳台与卧室相连，为了有效利用空间，最好是将其与居室打通连为一体。装修时把小阳台与卧室的地面铺成同色的地板，会令空间增大不少。

⊙ 顶面 / 杉木板造型刷银箔漆　地面 / 地砖拼花 + 波打线

⊙ 右墙 / 黑色烤漆玻璃倒角　地面 / 双色地砖斜铺 + 地砖拼花

⊙ 顶面 / 石膏板造型 + 木线条　右墙 / 艺术墙纸 + 木花格刷白贴灰镜

⊙ 顶面 / 石膏板装饰梁 + 灯带　左墙 / 木线条装饰框刷金漆

⊙ 墙面 / 彩色乳胶漆 + 装饰搁架　地面 / 抛光地砖

⊙ 右墙 / 文化石 + 灰色墙砖拉缝　地面 / 抛光地砖 + 波打线 + 鹅卵石

⊙ 顶面 / 木花格 + 装饰木梁　居中墙 / 文化石 + 墙纸

⊙ 居中墙 / 米黄色墙砖 + 密度板雕刻刷白 + 彩色乳胶漆　地面 / 防腐木地板

⊙ 左墙 / 青砖勾白缝 + 翠竹　地面 / 地砖斜铺 + 波打线 + 仿古砖

⊙ 顶面 / 石膏板造型 + 木花格　居中墙 / 装饰展柜 + 木花格

● 休闲区

　　一些老式房型或者二手房是没有飘窗的，建议可以人为地设计一个别致的飘窗，所占面积不大，但是实用性很强，利用率也很高，同时可以在飘窗的下方设计储物空间。

⊙ 右墙 / 装饰壁炉 + 墙纸 + 木线条收口　地面 / 强化地板

⊙ 地面 / 仿古砖斜铺 + 波打线

⊙ 顶面 / 金箔墙纸 + 木花格　地面 / 抛光地砖夹深色菱形小砖铺贴

⊙ 地面 / 花岗岩 + 仿古砖 + 防腐木地板

⊙ 右墙 / 墙纸 + 大理石装饰框 + 布艺软包　地面 / 仿古砖斜铺 + 波打线

⊙ 左墙 / 墙纸 + 实木线装饰套 + 青砖勾白缝　地面 / 仿古砖

⊙ 顶面 / 墙纸　墙面 / 皮质软包 + 墙纸 + 饰面装饰柜

⊙ 左墙 / 砂岩浮雕 + 木格栅　地面 / 实木拼花地板 + 抛光地砖

⊙ 顶面 / 石膏板造型 + 吸声板　右墙 / 布艺软包

⊙ 右墙 / 木线条密排刷白　地面 / 抛光地砖

● 休闲区

如果考虑把飘窗当作沙发使用，那么制作时应在大理石台板与地柜之间用木工板衬底，单纯用大理石覆盖很容易断裂。

⊙ 左墙 / 花岗岩大理石 + 装饰壁龛 + 文化石　地面 / 仿古砖斜铺

⊙ 左墙 / 石膏板造型 + 灯带 + 质感艺术漆 + 装饰搁板　地面 / 仿古砖

⊙ 左墙 / 装饰展柜　右墙 / 墙纸 + 照片组合

⊙ 左墙 / 杉木板装饰背景　右墙 / 文化石

⊙ 顶面 / 茶镜雕花　地面 / 抛光地砖

⊙ 顶面 / 石膏板造型 + 金箔墙纸　左墙 / 仿古砖拼花 + 饰面装饰框

⊙ 左墙 / 矮柜 + 艺术墙砖 + 木质罗马柱　地面 / 强化地板

⊙ 顶面 / 石膏板造型 + 灯带 + 吸声板　右墙 / 皮质软包 + 饰面装饰框

⊙ 右墙 / 布艺软包

⊙ 居中墙 / 木花格 + 墙纸　地面 / 强化地板

● 休闲区

　　视听室的灯光一般以暖色光源为主，且主光源不宜太过强烈，突出电视和音响的主题。在局部的辅助光源中，可以选择小的牛眼射灯、落地的羊皮或纸质的灯，根据氛围来调节光源大小。

⊙ 顶面／石膏板造型＋灯带　地面／实木地板＋工艺地毯

⊙ 顶面／石膏板造型＋金箔墙纸　左墙／装饰壁炉＋米白色墙砖＋布艺软包

⊙ 左墙／墙纸＋中式木花格　右墙／米黄色墙砖＋装饰搁架

⊙ 左墙／灰色乳胶漆＋照片组合　居中墙／木饰面板＋矮柜＋装饰搁板

⊙ 过道顶面 / 石膏板造型 + 灯带　吧台 / 黑色烤漆玻璃 + 木质台面刷白　　⊙ 顶面 / 石膏板造型 + 灯带　地面 / 抛光地砖

⊙ 左墙 / 装饰展柜　右墙 / 山水大理石 + 大理石装饰框　　⊙ 顶面 / 石膏板造型 + 吸声板　地面 / 实木拼花地板

⊙ 顶面 / 钢化玻璃顶棚　右墙 / 杉木板装饰背景　　⊙ 顶面 / 石膏板造型 + 灯带　右墙 / 彩色乳胶漆 + 装饰搁架

• 休闲区

　　视听室的色彩使用要理性，应少用红、黄、橙、绿等鲜艳的颜色，一般视听室多以灰色、咖啡色等暗色为主，这也是为了营造一个好的视听效果。如果视听室设计在地下室，色彩更不宜过分强烈，清雅干净的颜色能给人轻松休闲的感觉，对缓解视疲劳也有益处。

⊙ 左墙／墙纸＋回纹线条雕刻＋木线条收口　右墙／木花格贴墙纸

⊙ 顶面／石膏板造型＋木线条刷金漆　左墙／布艺软包

⊙ 顶面／石膏板造型＋灯带　地面／抛光地砖

⊙ 左墙／杉木护墙板刷白＋装饰展柜　右墙／墙纸＋密度板雕刻刷白

⊙ 墙面 / 墙纸 + 照片组合　地面 / 地砖拼花

⊙ 顶面 / 木饰面板吊边线　右墙 / 墙纸 + 木线条收口

⊙ 墙面 / 仿古砖 + 菱形酒格 + 玻璃搁板　地面 / 地砖拼花

⊙ 顶面 / 石膏板造型　地面 / 抛光地砖

⊙ 墙面 / 墙纸　地面 / 抛光地砖

⊙ 顶面 / 布艺软包 + 黑镜　居中墙 / 吸声板 + 木饰面板

● 休闲区

　　两侧的墙面反射最强，最好的办法是将墙面处理得凹凸不平，让声音更好地扩散。墙纸由于表面肌理丰富，非常适合视听空间。背景墙采用太硬的石材、木板或者完全软包，造成过分的反射或者是吸声，都不会产生很好的效果。

⊙ 左墙 / 文化石　　右墙 / 米黄色墙砖　　地面 / 地砖拼花

⊙ 顶面 / 杉木板造型刷白 + 装饰木梁　　地面 / 仿古砖拼花

⊙ 左墙 / 雕花镜面玻璃移门　　右墙 / 彩色乳胶漆 + 装饰展柜

⊙ 左墙 / 不锈钢装饰条扣皮质软包 + 布艺软包　　居中墙 / 吸声板

⊙ 顶面 / 石膏板造型＋灯带　地面 / 亚面抛光砖

⊙ 地面 / 地砖斜铺＋波打线

⊙ 顶面 / 墙纸　右墙 / 墙纸＋饰面装饰框＋密度板雕刻刷银漆

⊙ 居中墙 / 文化石　地面 / 防腐木地板

⊙ 顶面 / 布艺软包＋银箔墙纸＋木线条收口　右墙 / 布艺软包

⊙ 墙面 / 红砖＋文化石

99

● 休闲区

　　阁楼几乎都存在一端或两端低矮的特点，建议采用暖色调浅色系作装饰，如橙红、明黄等，咖啡、黑色、胡桃木等过深过重的颜色会给人带来沉闷的感觉，不宜使用。

⊙ 顶面 / 石膏板造型 + 皮质软包　居中墙 / 墙纸 + 银镜拼菱形 + 木线条收口

⊙ 顶面 / 石膏板造型 + 灯带　右墙 / 米黄色墙砖 + 装饰画

⊙ 顶面 / 墙纸 + 饰面装饰框　居中墙 / 马赛克

⊙ 居中墙 / 米黄色墙砖　地面 / 防腐木地板

⊙ 居中墙 / 墙纸 + 装饰壁炉 + 洞石

⊙ 墙面 / 彩色乳胶漆　地面 / 抛光地砖

⊙ 墙面 / 米黄色墙砖

⊙ 右墙 / 砂岩浮雕 + 文化石 + 中式木花格　地面 / 仿古砖斜铺

⊙ 顶面 / 石膏板造型 + 灯带　地面 / 地砖拼花

⊙ 顶面 / 墙纸　右墙 / 墙纸 + 吸声板

⊙ 左墙 / 墙纸 + 大理石装饰框　右墙 / 墙纸

● 休闲区

阁楼的家具一般不宜购买成品，最好由设计师量身定做。通常以小巧别致为主，家具首选线条简单、框架类型的家具，局部可以搭配颜色较鲜艳、跳跃的配饰或者一些趣味性比较强的家具。

⊙ 墙面／不锈钢装饰条扣木饰面板＋装饰画

⊙ 顶面／杉木板造型套色　右墙／木饰面板＋米黄色墙砖倒角

⊙ 地面／仿古砖＋地砖拼花

⊙ 顶面／石膏板造型＋灯带　居中墙／墙纸＋银镜＋实木雕刻

⊙ 左墙／中式木花格　地面／仿古地砖

⊙ 左墙／质感艺术漆 + 装饰画　地面／强化地板

⊙ 顶面／石膏板造型　墙面／吸声板 + 灰镜

⊙ 顶面／石膏板造型 + 金箔墙纸　居中墙／装饰壁炉 + 银镜

⊙ 顶面／杉木板造型刷白　墙面／木饰面板凹凸装饰背景

⊙ 顶面／墙纸　左墙／硅藻泥 + 马赛克线条收口

• 休闲区

　　吧台的台面最好使用耐磨的材质，贴皮就不太适合，有水槽的吧台最好使用防水材质。如果吧台使用电器，耐火的材质是最好的，人造石、美耐板、石材等都是理想的材料。

⊙ 顶面／木网格刷白＋杉木板造型刷白　　地面／抛光地砖夹深色小砖斜铺

⊙ 左墙／墙纸　　吧台／黑镜雕花＋大理石台面

⊙ 顶面／石膏板造型　　地面／实木地板

⊙ 顶面／木饰挂边线　　居中墙／矮柜＋菱形酒格＋装饰搁架＋银镜

⊙ 顶面 / 装饰木梁　地面 / 抛光地砖 + 波打线

⊙ 顶面 / 石膏板造型 + 金箔墙纸　地面 / 地砖拼花

⊙ 顶面 / 石膏板造型 + 金箔墙纸　地面 / 地砖拼花

⊙ 顶面 / 石膏板造型　左墙 / 墙纸 + 饰面装饰框刷白

⊙ 顶面 / 银镜 + 石膏板装饰梁　右墙 / 米黄大理石拉缝 + 墙纸 + 饰面装饰框

⊙ 顶面／皮质硬包＋不锈钢装饰条　地面／实木地板

⊙ 顶面／杉木板造型　右墙／装饰壁炉＋米黄大理石

⊙ 顶面／杉木板造型　左墙／仿古砖

⊙ 顶面／杉木板造型刷白＋木花格　左墙／墙纸＋米白色大理石＋装饰搁板

⊙ 顶面／杉木板造型　墙面／灰色墙砖勾白缝

⊙ 地面／花岗岩＋鹅卵石